电力“反违章 防事故”手册

防起重伤害

北京中电方大科技股份有限公司　组编

编写人员

王军芳　李越冰　陈锦富　邵　波　邓畅宇　金天寅
周大勇　高　攀　吴思雨　吴桐国　雷梓萌　郭起行
李学刚　王华倩　沈　军　周忠毅　邓俊宇　雷梓淇
黄克勤　赵　蕾　邹连松　尹德伟　张　旭

中国电力出版社
CHINA ELECTRIC POWER PRESS

内 容 提 要

《图说电力“反违章 防事故”手册》以漫画形式表现了电力企业生产过程中，由于《安规》执行不到位、安全措施不落实、反违章意识不强、人员作业行为不规范等原因导致的生产安全事故，用简洁明了的语言、幽默风趣的漫画，使读者在阅读的同时，生动直观地认知违章危害、深究违章原因、学习规范作业、强化反违章意识。

《图说电力“反违章 防事故”手册》分为六个分册。本书是《防起重伤害》分册，书中共列举了30个电力企业作业中的常见违章点。

本书适合电力生产一线人员学习使用，可作为电力工作者学习安全知识、了解安全规定、提高防范能力、强化反违章意识的学习材料，是电力企业开展“安全生产月”学习活动的理想用书。

图书在版编目（CIP）数据

图说电力“反违章 防事故”手册. 防起重伤害 / 北京中电方大科技股份有限公司组编. — 北京：中国电力出版社，2023.5（2024. 5重印）

ISBN 978-7-5198-7791-0

Ⅰ. ①图… Ⅱ. ①北… Ⅲ. ①电力工业－安全生产－手册②电力设备－起重机械－操作－安全技术－手册 Ⅳ. ① TM08-62 ② TH210.8-62

中国国家版本馆 CIP 数据核字 (2023) 第 076806 号

出版发行：中国电力出版社
地　　址：北京市东城区北京站西街 19 号
（邮政编码 100005）
网　　址：http://www.cepp.sgcc.com.cn
责任编辑：孙　芳（010-63412381）
责任校对：朱丽芳
装帧设计：沈阳红石榴文化传媒有限公司
责任印制：吴　迪

印　　刷：北京九天鸿程印刷有限责任公司
版　　次：2023 年 5 月第一版
印　　次：2024 年 5 月北京第二次印刷
开　　本：787 毫米 ×1092 毫米　24 开本
印　　张：3
字　　数：37 千字
印　　数：2001—3000 册
定　　价：30.00 元

前言

电力生产的客观规律和电力在国民经济中的特殊地位，决定了电力生产必须树立以人为本，坚持人民至上、生命至上的安全生产理念，坚持“安全第一、预防为主、综合治理”的安全生产方针。电力生产具有生产环节多、现场带电设备多、交叉作业多的特点。在电力企业，有95%以上的生产安全事故，是由违章引发的。因此，要有效地预防生产安全事故，就必须遏制违章。

为帮助广大电力生产相关人员提高对安全作业的重视，加深对反违章的理解，发挥事故案例警示教育在反违章工作中的作用，特编写《图说电力“反违章 防事故”手册》，丛书分为防车辆伤害，防触电，防火防爆、防中毒和窒息，防高处坠落，防起重伤害，防物体打击和机械伤害六个分册。

本书是《图说电力“反违章 防事故”手册》的《防起重伤害》分册，书中列举了30个常见违章点。针对每个违章点，列举一个违章案例，通过文字对违章表现进行描述，配以漫画对违章现场进行还原；对每个违章案例，提出了违章依据，配以漫画对规范作业现场进行展示。本书图文并茂，具有语言简洁明了、漫画生动直观的特点。所述违章案例贴近一线、结合实际、类型丰富，配图生动形象、如临现场，力图达到企业全员珍爱自己和他人的生命，自己不发生违章，又要及时纠正他人发生的违章，从源头上控制生产安全事故发生的目的。

由于编者水平有限，书中的疏漏和差错在所难免，欢迎各位读者批评指正。

编者

2023年4月

目录

违章点 1 起重作业人员站立位置不当

◎ 违章表现

起重作业指挥或操作人员站在没有护栏和脚护板、护栏被临时拆除或者损坏的平台上进行作业，造成人身高坠或落物伤害事故。

◎ 违章现场

◎ 依据

《安规》规定：所有升降口、大小孔洞、楼梯和平台，必须装设不低于1200mm高的栏杆和不低于180mm高的护板。

◎ 规范作业

违章点 2 起重设备操作手柄电缆绝缘破损

◎ 违章表现

起重设备控制按钮的电缆绝缘破损，在操作人员使用时，因漏电造成人员触电事故；或因为控制手柄控制电缆线芯短路引起起吊设备失控，发生设备损坏、人身伤害事故。

◎ 违章现场

◎ 依据

《安规》规定：起重机及起重设备上所用的电缆，应用橡胶绝缘电缆；裸线只允许作为滑行导线。电缆可装在自动卷筒上，或设在用刨光木板做成的与轨道平行的木槽中。电源电缆应由电气人员负责检查是否因磨损而有漏电现象，如发现胶皮损坏，应进行修理。

◎ 规范作业

违章点 3 起重机具存在缺陷

◎ 违章表现

电动葫芦吊钩、钢丝绳不合格，没有钢丝绳排线器、限位装置、起重量限制器，钢丝绳绳卡数量不足，可能出现起重时超载、超限、钢丝绳滑脱、断裂、设备失控等，造成设备损坏或人身伤害事故。

◎ 违章现场

◎ 依据

《安规》规定：各式起重机的技术检查，每年至少一次。对新装、拆迁的起重机，在运行前，应经过一次技术检查，并用一定的荷重进行静力试验和动力试验。对于起重机的技术检查，首先应检查其有无保险装置、联锁装置和防护装置，以及这些装置是否完好；再检查附件（绳索、链条、吊钩、齿轮和转动装置）的状况与磨损程度和固定物（螺帽开口销等）的状况；电力传动的起重机，还应检查其接地状况。

◎ 规范作业

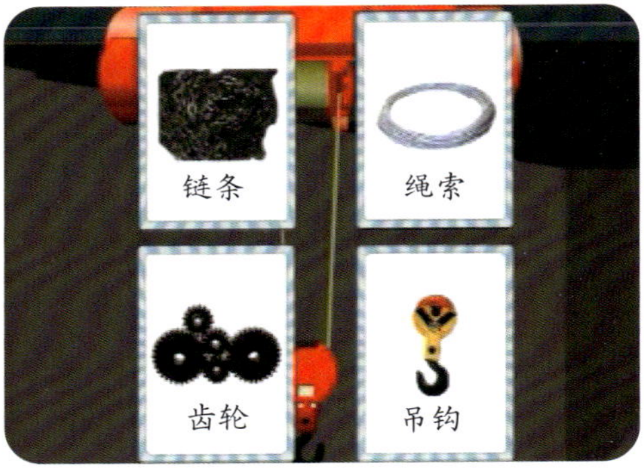

《安规》规定：钢丝绳端部用绳卡（U形螺栓）固定连接时，绳卡压板应在钢丝绳主要受力的一边（长头一边），绳卡间距不应小于钢丝绳直径的6倍，绳卡连接的个数应符合相关规定。

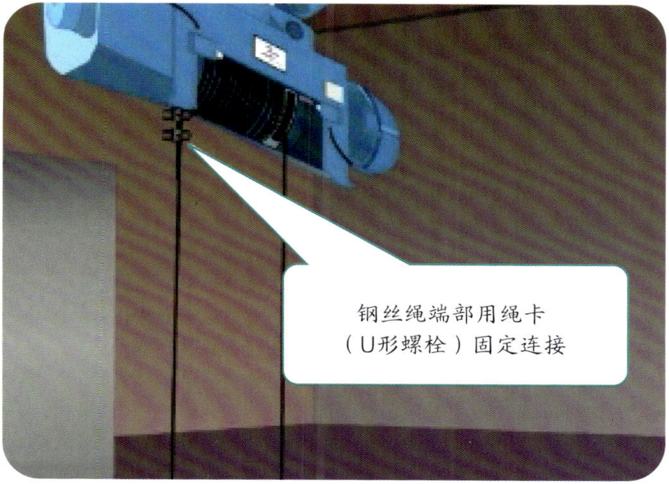

违章点 4 起吊物捆扎错误

◎ 违章表现

起吊多根钢丝管时，绑扎不牢固、重心偏移，导致起吊中重物滑落、伤人。

◎ 违章现场

◎ 依据

《安规》规定：起重物品必须绑扎稳妥，吊钩要位于所吊挂物品的重心上，吊钩钢丝绳应保持垂直。禁止使吊钩斜着拖吊重物。在吊钩已挂上而吊物尚未被提起时，禁止起重机移动或做旋转动作。

◎ 规范作业

违章点 5 起重机械上没有明确的额定载荷标识

◎ 违章表现

起重机械未在醒目位置标注额定起吊重量，造成因操作人员不清楚起重机起重能力而超载起重，使重物掉落，发生设备损坏、人身伤害事故。

◎ 违章现场

◎ 依据

《安规》规定：起重机械和起重工具的工作负荷，不准超过铭牌规定。在特殊情况下，如必须超铭牌使用时，应经过计算和试验，并经主管生产的副厂长（或总工程师）批准。没有制造厂铭牌的各种起重机具，应经查算，并做荷重试验后，方准使用。

《电力建设安全工作规程 第1部分：火力发电》规定：起重机械应有明确的额定载荷标识，由有资质的检验机构检验合格，方可投入使用。

◎ 规范作业

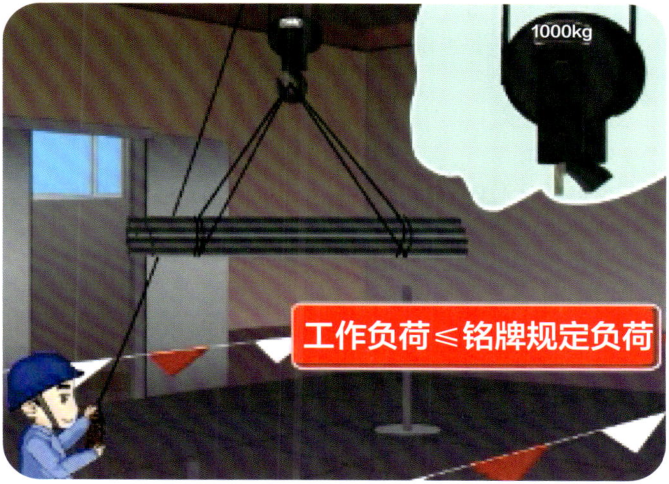

违章点 6 起吊钢丝绳不合格

◎ 违章表现

起吊钢丝绳变形、断股，造成钢丝绳断裂、起吊重物脱落。

◎ 违章现场

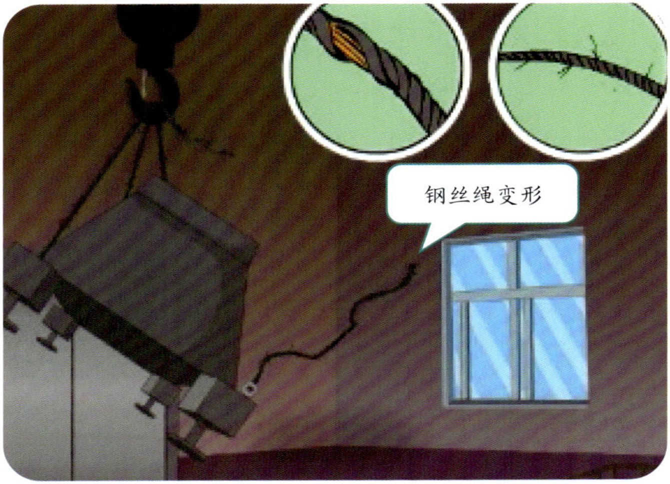

◎ 依据

《安规》规定：起重机械用的钢丝绳，应符合《圆股钢丝绳》（GB/T 8918）要求，并必须有产品检验合格证。起重机起升、变幅机构不准用接长的钢丝绳。

《安规》规定：钢丝绳使用中必须加强寿命管理，严格按有关规定按月检查，使用达到寿命期，外表完好的也要报废。

◎ 规范作业

违章点 7 起吊重物未进行试吊检查

◎ 违章表现

起吊重物未进行试吊检查，易造成绑扎不牢固、钢丝绳断裂、重物脱落，发生起重伤害事故。

◎ 违章现场

◎ 依据

《安规》规定：起吊重物前应由工作负责人检查悬吊情况及所吊物件的捆绑情况，认为可靠后方准试行起吊。起吊重物稍一离地（或支持物），就须再检查悬吊及捆绑情况，认为可靠后方准继续起吊。

◎ 规范作业

违章点 8 吊索（钢丝绳或铁链）发生扭曲

◎ 违章表现

挂钩钢丝绳长时间扭曲会造成钢丝绳畸变、压迫、绳芯损坏，导致钢丝绳断裂，从而发生人身伤害及设备损坏事故。

◎ 违章现场

◎ 依据

《安规》规定：起吊的重物，必须先用吊索（钢丝绳或铁链）很牢固和稳妥地绑扎，吊索（钢丝绳或铁链）不应有打结和扭劲的情况。

◎ 规范作业

违章点 9 未按设备设计的起吊点布置钢丝绳

◎ 违章表现

未按设备设计的起吊点布置钢丝绳，起吊时歪拉、斜吊，使起吊点受力不均匀，甚至吊环超载、吊物脱落。吊钩的吊点和所吊物的重心不在同一条重心线上，起升时将加大起重机的负荷，同时使吊物在离地瞬间发生摆动，另外还可能导致钢丝绳从滑轮里滑出，造成人员伤害或设备损坏。

◎ 违章现场

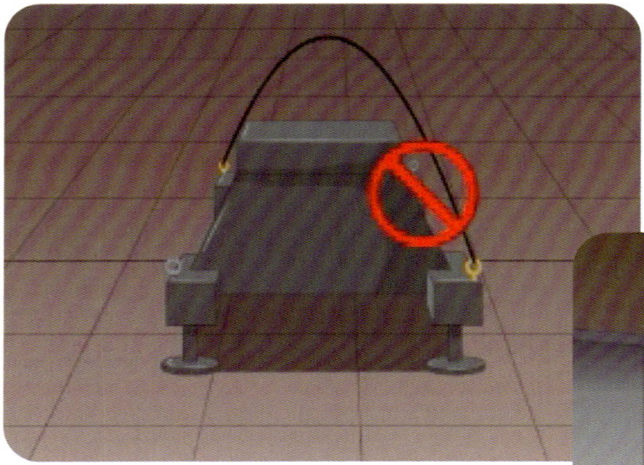

◎ 依据

《安规》规定：起重物品必须绑扎稳妥，吊钩要位于所吊挂物品的重心上，吊钩钢丝绳应保持垂直；禁止使吊钩斜着拖吊重物。在吊钩已挂上而被吊物尚未提起时，禁止起重机移动或做旋转动作。

◎ 规范作业

违章点 10 起重现场未设安全警告标志

◎ 违章表现

起重现场未设安全警告标志也未采取隔离措施，造成无关人员误入起重作业区域，发生人身伤害事故。

◎ 违章现场

◎ 依据

《起重机械安全规程》（GB 6067.1）规定：应在起重机的合适位置或工作区域设有明显可见的文字安全警告标志。

◎ 规范作业

违章点 11 起吊大件或者不规则的构件，没有系拉绳

◎ 违章表现

起吊大件或者不规则的物件，没有系拉绳会导致大件或不规则的重物起吊过程中发生摇摆或旋转，造成人身伤害及设备损坏事故。

◎ 违章现场

◎ 依据

《安规》规定：起重机在起吊大件或不规则的构件时，应在构件上系以牢固的拉绳，使其不摇摆、不旋转。

◎ 规范作业

违章点 12 在吊物上堆放、悬挂零星物件

◎ 违章表现

在吊物上堆放、悬挂零星物件，起吊过程中因重物晃动，容易造成零星物体掉落，物体本身也会被摔坏。

◎ 违章现场

◎ 依据

《电力建设安全工作规程 第1部分：火力发电》（DL 5009.1）规定：起吊重物时，吊臂及吊物上严禁有人或有浮置物。

◎ 规范作业

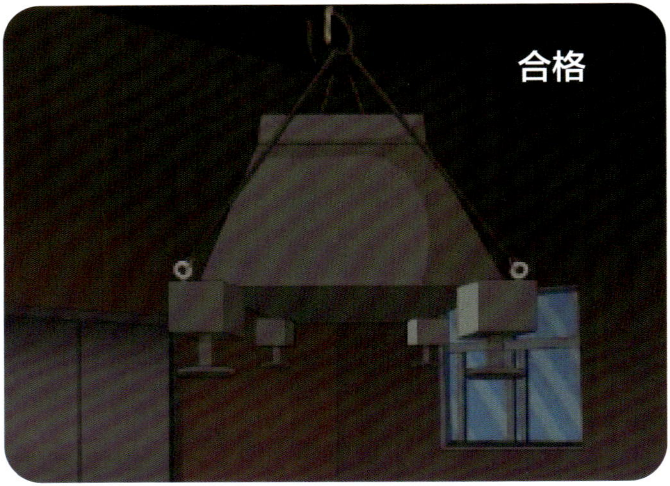

违章点 13 在起吊物的下方通过或停留

◎ 违章表现

起重设备工作时，滑轮、钢丝绳发生故障或重物滑脱时，容易对下方人员造成人身伤害，因此起吊重物时，起重臂和重物下方严禁有人停留、工作或通过。

◎ 违章现场

◎ 依据

《安规》规定：与工作无关的人员禁止在起重工作区域内行走或停留。起重机正在吊物时，任何人不准在吊杆和吊物下停留或行走。

◎ 规范作业

违章点 14 起重指挥人员未佩戴标志

◎ 违章表现

指挥人员不佩戴标志容易造成多人指挥或无人指挥，导致现场混乱，起重司机误判断。

◎ 违章现场

◎ 依据

《起重指挥信号》（GB 5082）规定：指挥人员应佩戴鲜明的标志，如标有“指挥”字样的臂章、特殊颜色的安全帽、工作服等。

◎ 规范作业

违章点 15 起重时多人指挥

◎ 违章表现

起重搬运过程中，需要起重指挥人、起重机司机和起重机司索工密切配合协作，才能安全地完成任务，多人指挥将造成起重机司机和起重机司索工无所适从，导致现场混乱，重物行进方向错误，进而导致事故的发生。因此必须由起重指挥人负责全面组织、协调、指挥起重工作，且只能由一人统一指挥。

◎ 违章现场

◎ 依据

《安规》规定：起重搬运时只能由一人指挥，指挥工作应由经专业技术培训取得相应资格证书的人员担任。

◎ 规范作业

违章点 16 起重时遇停电情况处理不当

◎ 违章表现

起重设备使用中突遇停电，未将启动器恢复至停止位置，未将电源开关断开，突然来电时，造成起重机械恢复停电前运行状态，起重机自行移动或重物自行起落，造成人身伤害和设备损坏事故。

◎ 违章现场

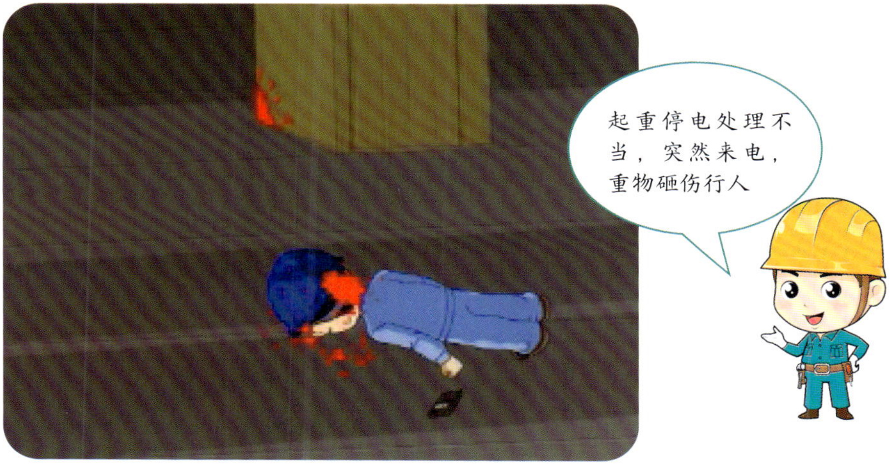

◎ 依据

《安规》规定：各式电动起重机，在工作中一旦停电，应将起动器恢复至原来静止的位置，再将电源开关拉开；设有制动装置的应将其闸紧。工作完毕或休息时，也应将电动机的开关拉开。

◎ 规范作业

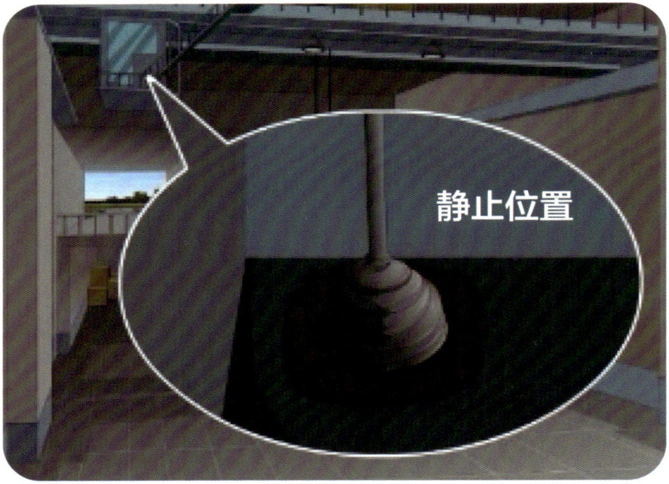

违章点 17 起重机工作完毕后，未摘除吊钩上的钢丝绳并将吊钩升起

◎ 违章表现

起重机工作完毕后，未摘除吊钩上的钢丝绳并将吊钩升起，造成碰挂人员或其他过往设备。

◎ 违章现场

◎ 依据

《电力建设安全工作规程 第1部分：火力发电》（DL 5009.1）规定：起重机工作完毕后，应摘除挂在吊钩上的绳索，并将吊钩升起。

◎ 规范作业

违章点 18 手拉葫芦附近的孔洞未设盖板

◎ 违章表现

手拉葫芦附近的孔洞未设盖板，造成人员坠落伤害。

◎ 违章现场

◎ 依据

《安规》规定：生产厂房内外工作场所的井、坑、孔、洞或沟道，必须覆以与地面齐平的坚固的盖板。在检修工作中如需将盖板取下，必须设临时围栏和警告标志。临时打的孔、洞，施工结束后，必须恢复原状。

◎ 规范作业

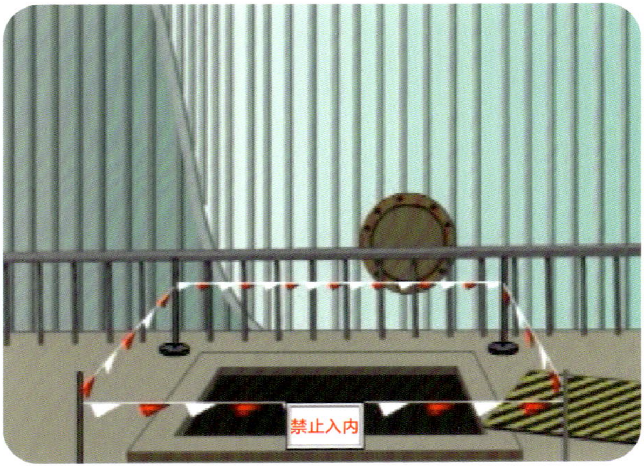

违章点 19 手拉葫芦质量不合格

◎ 违章表现

手拉葫芦链扣、蜗母轮及轮轴发生变形、生锈或者链索磨损严重，无检验合格标志，导致链条断裂、手拉葫芦损坏、重物掉落等，造成人身、设备伤害事故。

◎ 违章现场

◎ 依据

《安规》规定：手拉葫芦的链扣、蜗母轮及轮轴发生变形、生锈或链索磨损严重时，均应禁止使用。

◎ 规范作业

违章点 20 将双链条葫芦拆成单链条葫芦使用

◎ 违章表现

将双链条葫芦拆成单链条使用，会造成承载力下降，发生链条断裂、重物掉落事故。

◎ 违章现场

◎ 依据

《电力建设安全工作规程　第1部分：火力发电》（DL 5009.1）规定：链条葫芦的起重链不得打扭，并且不得拆成单股使用。

◎ 规范作业

违章点 21 起吊重物在空中停留较长时间时未采取安全措施

◎ 违章表现

起吊重物在空中停留较长时间时，未将手拉链条拴在起重链上，并且未给重物加保险绳，使钢丝绳变形，造成重物垮脱，发生伤人、伤物事故。

◎ 违章现场

◎ 依据

《电力建设安全工作规程 第1部分：火力发电》（DL 5009.1）规定：吊起的重物如需在空中停留较长时间时，应将手拉链拴在起重链上，并在重物上加设保险绳。

◎ 规范作业

《安规》规定：悬挂手拉葫芦的架梁或建筑物，必须经过计算，否则不准悬挂。禁止用手拉葫芦长时间悬吊重物。

违章点 22 起重机在架空电力线路下工作起吊臂碰上输电线

◎ 违章表现

汽车起重机在架空电力线路下或升压站内作业时，未采取安全措施，无人指挥，不注意观察，起吊臂升高，碰触电线，造成人员触电伤害。

◎ 违章现场

◎ 依据

《安规》规定：移动式悬臂起重机一般不准在架空电力线路下面工作。如必须工作时，应事先与该线路的主管部门取得联系，做好防护措施或停止供电才可进行吊运工作。起重机与架空输电线应始终保持不小于《施工现场临时用电安全技术规范》（JGJ46）规定的安全距离。

《安规》规定：履带式或汽车起重机行驶时，必须注意周围有无障碍物；与周边相邻的建筑物、电杆、电线、电杆拉线等必须保持适当的安全距离。

◎ 规范作业

违章点 23 吊车支腿未可靠支撑

◎ 违章表现

吊车支腿未可靠支撑，起吊过程中，压强增大，造成起重机不稳，导致倾翻事故发生。

◎ 违章现场

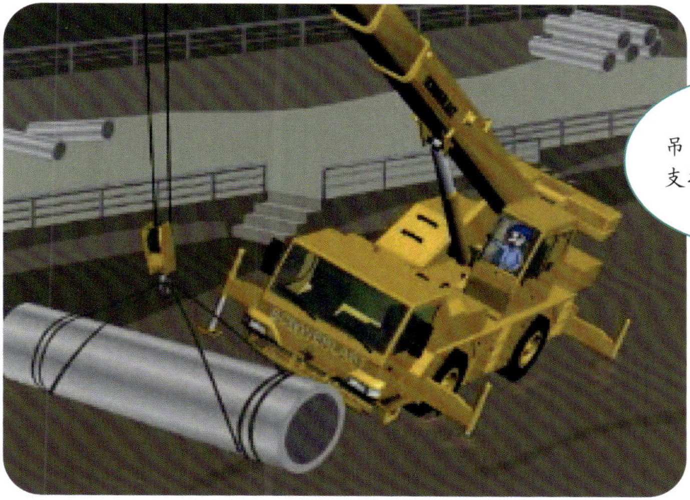

◎ 依据

《安规》规定：汽车起重作业时（空载或负载），支座盘应牢靠连接在支腿上，支腿应可靠地支撑起重机。如在松土地面上工作，应在支座盘下垫置枕木、钢板、路基箱等。

◎ 规范作业

违章点 24 起吊重物绑扎不当

◎ 违章表现

起吊重物绑扎不当，钢丝绳在重物的棱角处未采取保护措施，易损伤或割断钢丝绳。

◎ 违章现场

◎ 依据

《安规》规定：起吊的重物，必须先用吊索（钢丝绳或铁链）很牢固和稳妥地绑扎，吊索（钢丝绳或铁链）不应有打结和扭劲的情况。所吊的物件若有棱角或特别光滑的部分，在棱角或滑面与吊索（钢丝绳或铁链）相接触处应加以包垫，防止吊索受伤或打滑。

◎ 规范作业

违章点 25 在起吊过程中吊臂下站人

◎ 违章表现

在起吊过程中吊臂下站人，因重物掉落、移动、吊臂故障等，造成起重伤害事故。

◎ 违章现场

◎ 依据

《安规》规定：与工作无关人员禁止在起重工作区域内行走或停留。起重机正在吊物时，任何人不准在吊杆和吊物下停留或行走。

◎ 规范作业

违章点 26 起重现场未设安全警告标志和隔离措施

◎ 违章表现

起重现场未设安全警告标志和隔离措施，造成无关人员误入起重作业区域，发生人身伤害事故。

◎ 违章现场

◎ 依据

《起重机械安全规程》（GB 6067.1）规定：应在起重机的合适位置或工作区域设有明显可见的文字和安全警告标志。

◎ 规范作业

违章点 27 重物悬在空中，驾驶人员离开驾驶室

◎ 违章表现

重物悬在空中，驾驶人员离开驾驶室，有可能因吊车控制系统失灵，导致起重机失控，而发生事故。

◎ 违章现场

◎ 依据

《安规》规定：起吊重物不准让其长期悬在空中。有重物暂时悬在空中时，严禁驾驶人员离开驾驶室或做其他工作。

◎ 规范作业

违章点 28 汽车起重机行驶时，操纵室坐人

◎ 违章表现

汽车起重机行驶时，操纵室不具备驾驶的安全保护功能，发生交通事故时，人员易受伤害，同时操纵室坐人，若误动操作，可能造成事故。

◎ 违章现场

◎ 依据

《安规》规定：汽车起重机作业时，转台（或转盘）上严禁站人。汽车起重机行驶时，起重机操纵室严禁坐人。

◎ 规范作业

违章点 29 吊车副钩没有防脱装置

◎ 违章表现

吊车副钩没有防脱装置，造成起吊过程中钢丝绳滑脱，发生重物掉落事故。

◎ 违章现场

◎ 依据

《电力建设安全工作规程　第1部分：火力发电》（DL 5009.1）规定：吊钩应设有防止脱钩的封口保险装置。

◎ 规范作业

违章点 30 汽车起重机行驶时，吊钩未挂在挂钩上

◎ 违章表现

汽车起重机行驶时，吊钩未挂在挂钩上，在汽车行驶过程中，因吊钩摆动碰撞行人、车辆或其他物体，引发交通事故。

◎ 违章现场

◎ 依据

《安规》规定：悬臂式起重机空车行驶时，其吊杆应放在10°～30° 的位置，吊钩应用绳索捆在吊杆上。如系汽车起重机，则应把吊钩挂在车前的横档上，以免吊杆及吊钩摆动，吊杆所放的位置应是行车的正前方，而转盘、吊杆以及吊钩上的滑车都应闸住。起重机回转时，吊钩滑车必须闸住。

◎ 规范作业

扫码看课程